Christine Hildebrand

Konsumententypen und ihr Einfluss auf die zukünftige Entwicklung der Einzelhandelslandschaft

Die Geizigen - Die Bequemen - Die Senioren

GRIN Verlag

Bibliografische Information der Deutschen Nationalbibliothek:

Die Deutsche Bibliothek verzeichnet diese Publikation in der Deutschen National-
bibliografie; detaillierte bibliografische Daten sind im Internet über http://dnb.d-
nb.de/ abrufbar.

Impressum:

Copyright © 2006 GRIN Verlag GmbH
Druck und Bindung: Books on Demand GmbH, Norderstedt Germany
ISBN: 978-3-638-92887-8

Universität Regensburg, Institut für Wirtschaftsgeographie

Hauptseminar Geographische Handelsforschung

Wintersemester 05/06

Hildebrand Christine

Konsumententypen und ihr Einfluss auf die zukünftige Entwicklung der Einzelhandelslandschaft

Die Geizigen – Smart Shopper und das Feilschen um jeden Preis, aber wo?

Die Bequemen – Convenience am Kiosk und an der Tankstelle?

Die Senioren – Viel Kaufkraft, aber wenig Bedarf?

Inhalt:

1. Relevanz des Konsumentenverhaltens

In einer Gesellschaft des Überflusses müssen Hersteller und Anbieter, wenn sie profitabel wirtschaften wollen, besonders auf die Wünsche und Ansprüche des Kunden eingehen. Mehr denn je herrscht heute ein globaler, heterogener und dynamischer Markt. Der Konsument steht einer Fülle von Angeboten gegenüber und hat somit freie Auswahl. Er möchte nicht nur sondern verlangt sogar nach dem Produkt das seinen Vorstellungen entspricht. Die Zeit der Massenproduktion und des Massenkonsums ist vorbei; das neue Charakteristikum des Konsumentenverhaltens heißt Individualismus (vgl. hierzu BARZ 2003, 40f.).

Um den Käufer für ein Produkt gewinnen zu können, muss man auf dessen Vorstellungen und Bedürfnisse eingehen, man muss ihn und seine Verhaltensweisen kennen. Nur ist dies heutzutage kein leichtes Vorhaben. Hier findet die Marktsegmentierung ihre Anwendung. Anhand von bestimmten Merkmalen wird der Konsumentenmarkt aufgeteilt und Käufergruppen werden gebildet. PEBELS (2000, 19f) definiert den Begriff Marktsegmentierung als Vorgehensweise wie folgt: „Durch eine Segmentierung eines heterogenen Marktes sollen homogene Teilmärkte gebildet werden, für die anschließend den spezifischen Wünschen entsprechend Produkte entwickelt und vermarktet werden können.".

Auch wenn man nie von einem ganz und gar homogenen Teilmarkt sprechen kann – dafür ist die heutige Zeit einfach zu schnelllebig und dynamisch – ist eine Kundenansprache mit dem Ansatz eines angehend homogenen Teilmarktes dennoch wesentlich einfacher. Denn so kristallisieren sich kollektive Merkmale und Verhaltensweisen der Kunden heraus, anhand derer es dem Hersteller bzw. Anbieter leichter fallen wird ein kundenspezifisches Produkt zu gestalten und entsprechende Marketingmaßnahmen zu ergreifen. Kundentypolgien stellen also ein wichtiges Instrument des Marketing dar. Doch müssen heute, zu Zeiten des hybriden Kaufens, besonders individuelle Umstände mit in die Betrachtung einbezogen werden, was eine eindeutige Segmentierung des Konsumentenmarktes erschwert.

Im Folgenden soll nun ein Blick auf das, für das Marketing so zentrale, Konsumentenverhalten geworfen und Konzepte zur Bestimmung der Einkaufstättenwahl vorgestellt werden. Danach stehen diverse Konsumententypen wie der Smart Shopper, die Convenience Käufer und die Senioren im Mittelpunkt. Darauf aufbauend findet der Einfluss des Konsumentenverhaltens auf den Einzelhandel ebenfalls Berücksichtigung.

Hiermit soll das meist undurchsichtige Käuferverhalten durchleuchtet und verständlicher gemacht werden. Darüber hinaus soll aber auch die Reaktion des Einzelhandels auf die Einkaufsstättenwahl deutlich gemacht werden.

2. Das Konsumentenverhalten

Nicht nur die genaue Kenntnis über das Konsumentenverhalten ist für das Marketing unabdingbar. Auch die Variablen die den Käufer und sein Einkaufsverhalten nachhaltig prägen müssen Berücksichtigung finden.

SCHMITZ & KÖLZER wenden sich in ihrem Buch „Einkaufsverhalten im Handel" (1996) einerseits detailliert dem räumlichen Verhalten und andererseits auch den Einfluss-Variablen zu, die über die Verschiedenheit der Konsumententypologien Aussagekraft besitzen. Die beiden Autoren gründen Ihre Ergebnisse auf der Grundlage des Stimulus-Organismus-Response Modells (S-O-R), eines neobehavioristischen Ansatzes, der neben beobachtbaren Elementen auch die psychischen Prozesse in die Analyse des Käuferverhaltens mit einbezieht (vgl. SCHMITZ & KÖLZER 1996, 55ff.). Im Gegensatz dazu stehen die behavioristischen Ansätzen, die hier aus Gründen der Vollständigkeit nur kurz erwähnt sein wollen; diese konzentrieren sich ausschließlich auf die beobachtbaren Aspekte des Käuferverhaltens. Im S-O-R Modell ist die Psyche des Konsumenten, das große Unbekannte, in dem sich die nicht-beobachtbaren Prozesse (z.B. Bedürfnisse) abspielen, die es zu ergründen gilt (vgl. auch SCOBEL 1995, 7). Hierbei bezeichnet der Stimulus einen Reiz (z. B. Werbung) der einen Kaufentscheidungsprozess, die Response, auslöst. Dazwischen liegen aber immer noch die psychischen Prozesse, die sich innerhalb des Organismus abspielen und auf die Reaktion des Käufers einwirken.

2.1 Prozess der Einkaufentscheidung im Handel

Bisher galt den psychischen Prozessen im Hinblick auf die Analyse des räumlichen Verhaltens, der Einkaufsstättenwahl im Handel, nur wenig Aufmerksamkeit. Nur in anderen Bereichen, wie den Wirtschaftswissenschaften, der Psychologie u. ä., fand die Psychologie des Käufers zur Verhaltensanalyse vermehrt ihre Anerkennung, wobei der Fokus aber immer auf der Produktwahl selbst lag und nicht auf dem räumlichen Konsumentenverhalten. Jedoch stellt eben dieses räumliche Verhalten einen wichtigen Ansatzpunkt zur Konsumentenbeeinflussung für den Handel dar. So versucht der Handel durch Marketingmaßnahmen Einkaufsstättentreue aufzubauen und den Kunden an sich zu binden (vgl. SCHMITZ & KÖLZER 1996, 56). Die Einkaufsstättenwahl spielt somit eine entscheidende Rolle in der geographischen Handelsforschung und wird im weiteren Verlauf im Mittelpunkt dieser Arbeit stehen.

Eine Verknüpfung der psychischen Prozesse mit der Wahl der Einkaufsstätte nehmen SCHMITZ & KÖLZER (1996, 55ff.) vor und konzentrieren sich auf die Einkaufsstättenwahl als Ergebnisgröße. Die Einkaufsstättenwahl des Konsumenten wird als Prozess angesehen, der abhängig ist von bestimmten Faktoren, die später noch näher erläutert werden. Dabei werden die Prozessphasen des räumlichen Konsumentenverhaltens in Bezug auf ihre Relevanz für die Einkaufstättenwahl analysiert.

Abb.1: Prozess der Kaufentscheidung und der Einkaufstättenwahl

Phasen des Kaufentscheidungsprozesses bei Engel/Blackwell/Miniard	Phasen des Einkaufsentscheidungsprozesses im Handel	Beispiele
Erkennen eines Bedürfnisses	Motive des Aufsuchens einer Einkaufsstätte	– man hat konkreten Bedarf – man will bummeln – man will Abwechslung – man sucht die Möglichkeit, Kontakte zu knüpfen, etc.
Informationssuche	Informationssuche/ -aufnahme zur Ermittlung alternativer Einkaufsstätten	– man hat bereits gute Erfahrungen gemacht – man wurde durch Werbung aufmerksam – über Empfehlung – aus Bequemlichkeit, etc.
Alternativenbewertung	Bewertung der Einkaufsstätten anhand der Anforderungen an den Handel	– ist in der Nähe – ist preisgünstiger – hat größere Auswahl – hat kompetente Bedienung – hat ein breiteres Sortiment, etc.
Kauf	Wahl einer Einkaufsstätte; Art und Anzahl der gekauften Produkte (Ausgaben)	– man kauft in einer oder mehreren Betriebsform(en) – man kauft immer/manchmal/nie in Geschäft x – man kauft alles oder nur bestimmte Waren bei x – man kauft preisgünstige Waren – man kauft qualitativ hochwertige Waren
Ergebnisse Zufriedenheit	Zufriedenheit/Unzufriedenheit Wiederholte Einkaufsstättenwahl Einkaufsstättentreue	– man ist nachhaltig zufrieden – man geht zum wiederholten Male zum Geschäft x

Quelle: SCHMITZ & KÖLZER 1996, 57.

2.1.1 Einkaufsmotiv

Zu Beginn des Prozesses der Einkaufsstättenwahl sind die Motive des Kaufs von Bedeutung. Diese beeinflussen die Einkaufsstättenwahl dahingehend, dass man je nach Motiv bestimmte Einkaufsstätten aufsucht. Wenn wir uns als Kaufmotiv die Suche nach einem Brautkleid vorstellen, dann stellen wir fest, dass dafür nicht etwa die Lieblingsboutique aufgesucht wird, sondern ein spezielles Fachgeschäft für Brautmoden. Motive hängen aber nicht nur vom gesuchten Produkt selbst ab, sie beziehen sich auch auf die Art und Weise des Einkaufens. So sucht der eine Kunde ganz bewusst ein anderes als sein Zigarrenstammgeschäft auf um Abwechslung zu erfahren. Ein anderer möchte seinen Einkauf mit Erlebnis verbinden und fährt deshalb in die historische Innenstadt, die neben ihrem Flair auch noch Cafés und Kneipen zu bieten hat. Der Einfluss des Kaufmotivs wirkt sich also unbestritten auf das Konsumentenverhalten aus: „Wenn es gelingt, solche Zielgruppen mit gleichen Motiven zu identifizieren und zu Segmenten zusammenzufassen, dann lässt sich die Kundenansprache vereinfachen." (SCHMITZ & KÖLZER 1996, 58).

2.1.2 Informationssuche

Anschließend, in der zweiten Phase widmet sich der Konsument der Informationssuche, welche aus einem internen und eine externe Teil besteht. Bei der internen Suche ruft der Konsument in seinem Gedächtnis bereits bekannte Einkaufsorte ab. Die externe Suche gliedert sich in einen passiven Teil, der Informationsaufnahme (z.B. durch Radio), und einen aktiven Teil, der Informationssuche (z.B. das Durchblättern eines Branchenbuches).

HEINRITZ et al. (2003, vgl. 125f.) dagegen gliedern die Informationssuche nicht, wie oben vorgenommen, nach Art und Weise der Informationsaufnahme, sondern anhand räumlicher Aspekte des Informationsverhaltens der Konsumenten. Danach bewegt sich der Verbraucher in einem Kontaktfeld in dem er bereits Einkäufe getätigt hat und „face to face Kontakt" mit Verkäufern und Händlern hatte. Kenntnis über bestehende Einkaufsmöglichkeiten bezeichnet das Informationsfeld. Dieses Wissen kommt entweder durch persönliche Erfahrung im Aktionsraum, z.B. durch Vorbeifahren (kein direkter, persönlichen Kontakt), oder durch Informationsübermittlung durch Dritte, z.B. durch Werbung oder durch Gespräche.

Da sich Kontakt-, Informations- und Aktionsraum genau bestimmen lassen und für Marketingzwecke somit nutzbargemacht werden können, ist „[d]iese Phase [...] von zentraler Bedeutung für das Ergebnis der späteren Produkt- bzw. Einkaufsstättenwahl; an ihr lässt sich die Wichtigkeit der Raumperspektive besonders gut ablesen[...]" (HEINRITZ et al. 2003, 126). Diese verortbaren Informationen können gezielt für die Verwendung von Werbemitteln benutzt werden, wie ein Blick in die USA beweist. Hier werden ganz gezielt riesige Werbetafeln an frequentierten Straßen errichtet um so auf sich aufmerksam zu machen. Um aber die Werbemittel strategisch gut platzieren zu können, ist es von Nöten zum einen die Mental Maps der Konsumenten aber auch deren kognitives Verhalten zu analysieren. Dabei muss sich die Unternehmensseite darüber im Klaren werden, wie das Geschäft auf den Kunden wirkt, von der Betriebsform bis hin zum Kopplungspotential und der Erreichbarkeit (vgl. HEINRITZ et al. 2003, 126). Gegebenenfalls müssen negative Eindrücke die gegen einen Einkauf sprechen könnten eliminiert werden.

2.1.3 Vergleichende Bewertung der Einkaufsstätten

Nach der Phase der Informationssuche in der der Käufer mögliche Einkaufsstätten in Betracht zieht, stellt er nun, in der darauffolgenden Phase ein Bewertung dieser an und wählt letztendlich diejenige aus, welche seinen Anforderungen am nächsten kommt. „Unter Anforderung versteht man Erwartungen an ein Objekt oder die empfundene Wichtigkeit einer bestimmten Eigenschaft eines Objektes." (SCHMITZ & KÖLZER 1996, 58). Diese Phase ist von zentraler Bedeutung für den späteren Einkauf. Hier müssen Unternehmer ansetzen und sich über den Kunden und seine Ansprüche informieren. Dabei kann es sein, dass dem Kunden ein niedriger Preis sehr wichtig ist und er somit einen Discounter als Einkaufsort aufsucht. Einem anderen scheint die Tankstelle der optimale Einkaufsort zu sein, weil er hier seine Besorgungen schnell nebenbei auf dem Weg nach Hause erledigen kann.

In diesem Abschnitt wird deutlich, dass man um die Analyse der Beweggründe und der Psyche des Kunden nicht umhin kommt, wenn man eine kundenorientierte Marketingkonzeption aufweisen will. So ist es hier unabdingbar die Bedürfnisse, Werte und Einstellungen, die die Anforderungen an eine Einkaufsstätte formen, zu kennen. Aber auch eine Betrachtung der Umwelt des Kunden darf keinesfalls fehlen, da sich diese wiederum auf die Bedürfnisse und Werte auswirkt, und somit indirekt die Bewertung der Einkaufsstätte beeinflusst.

2.1.4 Kaufphase

In der vierten Phase geht es um die resultierende Einkaufsstättenwahl und um den Kauf, welche aus der hervorgehenden Phase resultieren. Hierbei müssen zwei Ebenen in Betracht gezogen werden: einmal wohin der Kunde zum Einkauf geht, aber auch was er einkauft (Produktwahl). Da nicht nur eine hohe Käufer/Kundenfrequenz sondern auch die Anzahl der gekauften Güter für den Umsatz von Bedeutung sind, betrachten SCHMITZ & KÖLZER beide Faktoren. Die Art der erworbenen Güter darf bei der abschließenden Betrachtung nicht vergessen werden. Denn wie schon in Phase eins und drei erwähnt, spielen zum Beispiel besondere Kaufanlässe und Motive, die ein besonderes Produkt erfordern, eine entscheidende Rolle und wirken sich auf die Wahl der Einkaufstätte aus. Natürlich geht der Kunde dort einkaufen, wo er das von ihm gewünschte Objekt findet. Bedarf und Motiv stehen also in ständiger Wechselwirkung und sind in engem Zusammenhang mit der Produktwahl und deren abschließenden Beurteilung zu sehen.

2.1.5 Evaluierung

In der letzten Phase des Einkaufentscheidungsprozesses bewertet der Käufer die getroffene Produkt- und Einkaufsstättenwahl im Nachhinein. Wurden seine Anforderungen befriedigt wird sich Zufriedenheit bei ihm einstellen und eine positive Einstellung gegenüber dem Produkt oder dem Einkaufsstätte entsteht, was zur Produkt- und Markentreue führen kann. Obwohl heute die Treue der Kunden abnimmt sind besonders in ländlichen Räumen immer noch stabile Beziehungen zwischen Konsument und Produkt- oder Einkaufsstätte vorzufinden (vgl. HEINRITZ et al. 2003, 126f.).

2.2 Einflussgrößen

Im folgenden Abschnitt gilt unsere Aufmerksamkeit nun den Einflussfaktoren welche sich auf das Konsumentenverhalten auswirken. Nach SCHMITZ & KÖLZER (1996, vgl. 61ff.) stehen die Faktoren im Blickpunkt, die unterschiedliche Konsumentengruppen ausweisen und somit auch im Marketing Verwendung finden. Sie gliedern die Einflussfaktoren in beobachtbar und nicht-beobachtbar auf und stellen die gegenseitigen Wechselbeziehung (in Abb. 2 dargestellt) der einzelnen Determinanten dar:

Abb.2: Strukturmodell des Einkaufsverhaltens im Handel

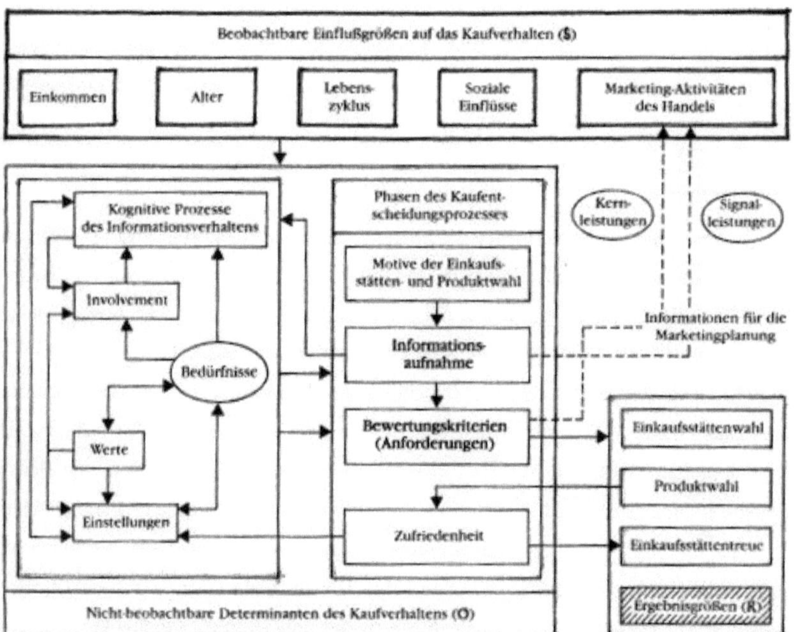

Quelle: SCHMITZ & KÖLZER 1996, 62.

2.2.1 Beobachtbare Einflüsse

Bei den beobachtbaren Einflüssen handelt es sich um individuelle Lebensumstände, die das Kaufverhalten beeinflussen. Hierzu zählen Alter, Einkommen, und soziales Umfeld. Es ist unbestritten, das die aktuelle Lebenssituation in der wir uns befinden sich auf unsere Psyche und auf unser Verhalten ganz allgemein auswirken. Dementsprechend wird auch das Einkaufsverhalten beeinflusst. In wieweit sich Einkommen, Alter und soziale Determinanten auf das Kaufverhalten auswirken wird nun untersucht.

2.2.1.1 Kaufkraft

Als erstes kommt einem das Einkommen in den Sinn, denn: ohne Moos, nichts los! Das Einkommen gibt den Rahmen vor in welchen Ausgaben getätigt werden können. Es kann davon ausgegangen werden, dass geringe Kaufkraft mit Preisbewusstsein und z. B. dem Discounter als bevorzugte Einkaufsstätte korreliert. Bei einem begrenzten Budget ist preisbewusstes wirtschaften ein Muss damit man über die Runden kommt. Bei hohem Einkommen fällt die Bewertung nicht so eindeutig aus, denn wenn auch ein großes Budget vorhanden ist bedeutet das nicht automatisch, dass alles für den Konsum verwendet wird bzw. dass nur teuere Produkte konsumiert werden. Meist wird ein Teil des Budgets gespart. Es kommt also auf den Einzelnen an, darauf, wie er dem Konsum gegenüber eingestellt ist, welche Bedürfnisse er hat und welche Motive er verfolgt (vgl. SCHMITZ & KÖLZER 1996, 65). Jemanden der Einkaufen allgemein als Zeitverschwendung empfindet, geht sicherlich nicht in seiner Freizeit shoppen. Ein anderer sieht keinen Sinn darin teure Produkte zu kaufen, da ihm die angepriesenen Zusatznutzen nichts bringen und er auch mit den billigeren Waren zufrieden ist. An diesen Beispielen wird deutlich, dass das Einkommen hinsichtlich dessen Verwendung und Kaufstruktur nicht aussagekräftig ist. HEINRITZ et al. vergleichen die Ausgabestruktur von durchschnittlichen Haushalten mit der von Besserverdienenden. Aus ihren Berechnungen geht hervor, dass reiche Haushalte prozentual gesehen weniger Geld (22%) für die Bedarfsstufen eins, zwei und drei ausgeben, als ein durchschnittlicher Haushalt (30%). „Die „relativen Mehrausgaben" der Reichen kommen charakteristischerweise nicht den „basic needs" – also der Deckung menschlicher Grundbedürfnisse wie Nahrung – zugute, sondern den „Luxusgütern." (HEINRITZ et al. 2003, 131). Besonders heutzutage, da das hybride Kaufverhalten zunimmt (vgl. hierzu SCHMALEN & LANG 1998), nachdem Konsumenten zwischen Bedarfs- und Erlebniskauf differenzieren und demnach sich widersprechende Ausgabestruktur und Einkaufsstättenwahl aufweisen, kann das Einkommen für den Handel nur sehr eingeschränkt als Orientierungsmittel dienen.

2.2.1.2 Demographie

Das Alter, verbunden mit einigen anderen Charakteristika, hingegen kann man durchaus als Segmentierungskriterium hernehmen. Mit dem Älterwerden gehen auch unausweichlich Entwicklungen einher, die eine ganze Konsumentengruppe charakterisieren: körperliche und geistige Verschleißerscheinungen wodurch die Schnelllebigkeit und Kontaktfreudigkeit eingeschränkt werden (vgl. Kapitel 4.3). So müssen für Jugendliche ganz andere Werbemittel eingesetzt werden, als für Senioren, die z. B. große Buchstaben benötigen um überhaupt etwas entziffern zu können. Man kann also verallgemeinernd sagen, dass diese Erscheinungen mit dem Alter zunehmen und jeden von uns betreffen. Doch über die Intensität und über den Umgang mit den Altersbegleiterscheinungen kann keine Verallgemeinernde Aussage getroffen werden. Somit wird klar, dass ein anhand des Alters segmentierter Markt bei näheren Betrachten keine wirklich homogenen Segmente aufweist.

Das Problem wird mit Hilfe des Familienlebenszyklus – Konzeptes angegangen. Auch Familienstand und Haushaltsgröße fließen hier mit ein. So werden bestimmte Phasen einer Familie nachempfunden. „Ausgangspunkt der Phaseneinteilung sind bestimmte Ereignisse im Leben, die Wendepunkte in der Lebensgestaltung darstellen und damit auch ein geändertes Konsumverhalten bewirken können. […] z. B. Auszug aus dem Elternhaus, Aufnahme des Studiums, Heirat, Auszug der Kinder oder Pensionierung." (SCHMITZ & KÖLZER 1996, 64). Dass diese Lebensabschnitte stark mit dem Alter korrelieren ist offensichtlich. So kauft ein Single, der in einem Ein-Personenhaushalt lebt, keine Vorratspackungen, eine Familie hingegen schon. Der Student bevorzugt auf der einen Seite wegen der billigen Preise den Lebensmitteldiscounter und verwendet sein Geld lieber für den Kauf von Studienbüchern; der Senior, wegen seiner labilen Gesundheit auf gute Qualität bedacht, sucht dagegen eher ein Fachgeschäft auf. In diesem Konzept wird offensichtlich, dass Unterschiede in Einkommensverwendung, Anforderungen an Produkt und Einkaufsstätte von der jeweiligen Lebenszyklusphase abhängig sind. Wegen der leichten Handhabung der zu beobachtenden Einflüsse wird dieses Konzept häufig für die Marktsegmentierung verwendet.

2.2.1.3 Soziales Umfeld

Auch das soziale Umfeld das uns alle allgegenwärtig umgibt muss in die Betrachtung miteinbezogen werden, da jeder von seinem Umfeld, bewusst oder oft auch unbewusst, beeinflusst wird. Diese Beeinflussung findet auf zwei Arten, direkt und indirekt, statt (vgl. ebd., 66): zum einen liefert das soziale Umfeld, das Bezugsnetz, auf direktem Wege Normen zur Orientierung; in unserem Fall liegt der Fokus auf den Konsumnormen. Am Beispiel

Kleidung, Luxusgüter oder Freizeitartikel, an Produkten des demonstrativen Konsums also, wird diese Normenvorgabe des Umfeldes besonders deutlich. Es sind zum Beispiel die Puma Schuhe die im Moment angesagt sind und die jeder trägt um irgendwie dazu zu gehören, um „hip" zu sein. Dieses Anpassungsverhalten ist aber nicht in jeder Situation und bei jedem Menschen gleich ausgeprägt. Ganz im Gegenteil ist es abhängig vom Grad der Unsicherheit, die ein Käufer im Moment der Kaufentscheidung verspürt, je unsicherer umso mehr wird er nach Konformität streben. Wenn sich aber jemand nicht mit seiner Bezugsgruppe verbunden fühlt und deren Werte und Normen nicht nachvollziehen kann, wird er sich kaum oder gar nicht an die Normen halten. Je differenzierter das Verhältnis Individuum und Gruppe umso weniger wird nach Konformität gestrebt.

Zum anderen findet auf indirektem Weg eine Prägung des Selbstbildes, welches großen Einfluss auf das Konsumverhalten hat, durch die Bezugsgruppe statt. Unter Selbstbild versteht man die Gesamtheit der individuellen Gefühle und Bewertungen (vgl. ebd., 67). Es besteht aus zwei Ebenen: dem Realen Selbst, der Wirklichkeit, und dem Idealen Selbst, dem Wunschbild wie wir uns gerne sehen würden und andere uns wahrnehmen sollen. So werden Rollenerwartungen und Vorstellungen von dem sozialen Umfeld an ein Individuum gestellt, wodurch sich ein bestimmtes Selbstbild ergibt, nachdem sich derjenige orientiert. Das Ideal Selbst stellt im Marketing eine zentrale Rolle dar, da es beim Konsumieren darum geht das persönliche Wunschbild zu verwirklichen. Diese Idealvorstellung wird besonders in der Werbung angesprochen.

Das Selbstbild und die Bezugsgruppe, in engem Zusammenhang mit den Lebenszyklen stehend, sind nicht statisch sondern dynamisch und sind der Veränderung im Laufe des Lebens unterworfen. SCHMITZ & KÖLZER stellen dies am Beispiel der jungen Mutter dar. Von ihr werden nun, seitdem sie Mutter ist, andere Verhaltensweisen erwartet, als damals ohne Kind. Gleichzeitig hat sich auch ihr soziales Umfeld verändert. Sie wird nun öfters Kontakt zu jungen Eltern haben als vorher. Diese Aspekte wirken stark auf das Selbstbild ein und beeinflussen auch das Kaufverhalten.

Es gibt zwei Arten von Bezugsgruppen, die uns auch verschieden stark beeinflussen: die näher Umwelt auf der einen Seite und die weitere auf der anderen. Zu der näheren Umwelt zählen Familie, Freundeskreis, Vereine usw. Zur weiteren Umwelt gehören Kultur, Massenmedien etc., zu welchen der Mensch keine persönlichen Kontakte hat. Als zentrale Einflussgruppe wird die sogenannte Peer Group, der Freundeskreis oder Verein angesehen. Diese Gruppe übt allerdings nur starken Einfluss aus, wenn das Individuum unsicher ist, sei es wegen einer Identitätskrise z.B. bei Älteren durch Arbeitslosigkeit hervorgerufen, oder bei jungen Menschen die ihre Identität erst noch finden müssen. In beiden Fällen spielt das Zugehörigkeitsgefühl zu einer Gruppe und das Akzeptiert Werden eine zentrale Rolle. Dies wird durch Anpassung an gewisse Verhaltensweisen erreicht, wie dem Konsum bestimmter Produkte und auch dem Aufsuchen bestimmter Einkaufsstätten.

2.2.2 Nicht-beobachtbare Einflüsse

Im nächsten Abschnitt soll es nun um die nicht-beobachtbaren Einflüsse, die psychischen Prozesse gehen. Genau wie die beobachtbaren Determinanten besitzen auch diese Aussagekraft über Kundensegmente und deren charakteristische Kaufverhalten. SCHMITZ & KÖLZER (1996, vgl. 171ff.) zählen dies bezüglich Bedürfnisse, Werte, Einstellungen, Involvement und kognitive Prozess zu den wichtigsten Determinanten, die nun auch näher erläutert werden sollen. Ganz grundsätzlich ist hier festzustellen, dass sich Bedürfnisse, in enger Wechselbeziehung mit Werten, Einstellungen und Involvement stehen, die Anforderungen an den Handel generieren. Gleichzeitig stehen aber Einstellungen und Involvement in engem Zusammenhang mit den kognitiven Prozessen, die auf die Informationsaufnahme von Konsumenten schließen lassen. Das Wissen über die Informationsaufnahme eines Kundensegments ist für die Gestaltung von zielgerichteter Werbung unerlässlich.

2.2.2.1 Bedürfnisse

Bedürfnisse kann man als Mangelgefühl, aus einer bestimmten Situation heraus entstanden, das vom Individuum aber beseitigen will. Dabei werden bei SCHMITZ & KÖLZER (1996, 72) die Begriffe Bedürfnis und Motiv gleichgesetzt und gelten als treibende Kraft des Verhaltens. Dabei steht hier aber kein konkretes Objekt im Mittelpunkt, es handelt sich vielmehr um allgemein gefasstere Bedürfnisse (z.B. Selbstdarstellung), welche durch mehrere Wünsche (z.B. Auto, Kleidung) erfüllt werden können. An dieser Stelle muss eine Abgrenzung zu ähnlichen Begriffen erfolgen um Verwirrung zu vermeiden. Wünsche z.B. sind viel konkreter als Bedürfnisse und deren Befriedigung verlangt nach einem konkreten Produkt. Der Wertebegriff steht ebenfalls in engem Zusammenhang. Sie stellen zeitlich stabile, langfristige, in der Persönlichkeit verankerte Konstrukte dar, die aber aus Gesellschaft und Kultur heraus entstanden sind und nicht aus einer kurzweiligen Situation. So weisen Bedürfnisse einen meist individuellen Charakter auf, können also von Mensch zu Mensch sehr unterschiedlich ausgeprägt sein, während Werte weiteläufiger Verbreitung finden und im sozialen und gesellschaftlichen Kontext stehen (vgl. WINDHORST 1985, 35). SCHÜRMANN (1988) weißt darauf hin, dass Bedürfnisse durch die grundlegende

Wertehaltung erheblich gesteuert werden. Dabei führt er das Beispiel des erlebnisbetonten Konsums an. Durch eine grundsätzlich positive Einstellung gegenüber der hedonistischen Bedürfnisbefriedigung steht der Bedarf an einer Stimulierung der Sinne und der Emotionen hoch im Kurs. „Die Bedürfnisse [...] können somit in besonderem Maße gesellschaftliche und kulturelle Werte reflektieren [...]." (ebd. S. 29)

Wenn es einem Betrieb gelingt segmentspezifische Mängel und somit Anforderungen zu befriedigen wird er durch die Zufriedenheit und die daraus resultierende Einkaufsstättentreue des Kunden belohnt. Auch ein Mangel an sozialen Kontakten kann z. B. bei Senioren dazu führen, dass der Einkauf als Möglichkeit des sozialen Austauschs gesehen wird. Diese Kunden werden vorwiegend Einkaufsstätten mit kundenfreundlichem Service und Personal in Anspruch nehmen.

2.2.2.2 Werte

Werte dagegen, wie schon erwähnt, beeinflussen das Käuferverhalten in größerem Maßstab. Durch das uns alle prägende historische, gesellschaftliche und kulturelle Umfeld sind sie in uns verankert, und können somit als „Einflussfaktoren für sowohl gesellschaftliches, als auch für individuelles Konsumverhalten zugrundegelegt werden" (SCOBEL 1995, 10). Da Werte relativ stabil sind und sich in einer Generation nur unwesentlich verändern, kann hier nach SCHMITZ & KÖLZER (1996, vgl. 79) ein Ansatzpunkt für langfristige Prognosen des Konsumverhaltens liegen. So sehen beide Autoren wie auch SCOBEL (1995) den Wertewandel als Erklärungsmittel für weitläufige Veränderungen im Konsumentenverhalten. Werte lassen sich weiterhin in zwei verschiedenen Arten einteilen (vgl. SCHMITZ & KÖLZER 1996, 81). Auf der einen Seite stehen die Globalen Werte, welche in der Persönlichkeit zentral verankert sind, weite Verbreitung haben und lange Lebensdauer besitzen. Sie stellen Lebensziele und wünschenswerte Zustände dar (z.B. soziale Anerkennung). Auf der anderen Seite gibt es die bereichsspezifischen Werte, die sich auf Überzeugungen in einzelnen Lebensbereichen beziehen, wie z. B. Einstellung zum Thema Konsum.

Dennoch ist der Begriff Einstellung vom Begriff des Wertes teilweise zu differenzieren. So sind Einstellungen auf konkrete Objekte bezogen und können von Mensch zu Mensch sehr unterschiedlich ausfallen. Werte stellen für Einstellungen das „übergeordnete Konstrukt" dar und bilden somit das „Bezugssystem für Einstellungen" (WINDHORST 1985, S. 33). Außerdem sind Werte nicht objektbezogen, also allgemeiner Natur. Dennoch herrscht ein fließender Übergang, wenn sich z. B. Einstellungen weitläufig verbreiten und von gesellschaftlicher Relevanz werden.

2.2.2.3 Einstellung

Als Einstellung definieren SCHMITZ & KÖLZER (1996, vgl. 91ff.) Reaktionen, Meinungen und Überzeugungen, die ein bestimmtes Objekt betreffen. Dabei besitzt der Konsument bereits ein gewisses Vorwissen über ein Produkt oder eine Einkaufsstätte und kann dadurch schon subjektiv beurteilen inwiefern es seinen Bedürfnissen entspricht. Es können Einstellungen durch persönliche Erfahrungen (bereits getätigte Einkäufe), oder durch subjektive Eindrücke (Schaufenster, Werbung) entstehen.

KROEBER-RIEL (1992, vgl. 164f.) weisen auf die Einstellungs-Verhaltens Hypothese hin. Danach steigert eine positive Einstellung zum Konsum die Wahrscheinlichkeit eines Kaufs. Weiterhin kann festgestellt werden, dass sich bei einem getätigten Kauf Zufriedenheit einstellt (natürlich nur, wenn die Anforderungen erfüllt wurden), dies zu einer positiven Einstellung führt woraus sich auch Marken- und Geschäftstreue entwickeln kann (vgl. SCHMITZ & KÖLZER 1996, 92). So bleibt hier noch zu erwähnen, dass wegen dieser direkten Beziehung, die Kenntnis über Bildung, Stabilisierung und Änderung der Einstellungen des Kunden für den Handel extrem wichtig sind, dies hier aber aus Gründen des Umfangs nicht näher ausgeführt wird (vgl. hierzu ebd. 92 ff.).

Auch das Informationsverhalten wird von der Einstellung eines Menschen beeinflusst, was sich wiederum auf die Art des Einkaufs auswirkt. Bei einer positiven Kaufeinstellung (z. B. lang ersehnter Kauf eines Sportwagens) widmet sich der Konsument intensiver der Informationssuche und ist somit viel offener und zugänglicher für Marketingreize.

2.2.2.4 Involvement

Das Involvement, anhand welchem man diverse Arten von Kaufentscheidungsprozessen festmachen kann, kann man ganz allgemein nach KROEBER-RIEL (1992, vgl. 371) als „Zustand der Aktiviertheit" definieren. Aus unterschiedlichen Definitionen in der Literatur filtern SCHMITZ & KÖLZER (1996, vgl. 100) die Gemeinsamkeiten heraus: So drückt Involvement das Interesse eines Kunden an einem Produkt aus und damit verbunden den Aktivitätsgrad bei der Informationsaufnahme. Weiterhin wird es von dem persönlichen Bedürfnis- und Wertesystem bestimmt und generiert das Informationsverhalten.

Je nachdem ob der Käufer an der Informationssuche in hohem Maße involviert ist oder nicht lässt sich der Kaufentscheidungsprozess in verschiedene Arten einteilen (vgl. ebd. 105ff.): Bei sehr intensiven Informationsverhalten mit ausgiebiger Bewertung von Alternativen und einer rationalen Entscheidungsfindung wird von einem extensiven Kauf gesprochen, welcher modernen, exquisiten und langlebigen Gütern getätigt wird. Wenn nun ein geringeres Involvement festzustellen ist, weil evtl. schon genug Produkterfahrung durch bereits getätigte Käufe besteht, und die Entscheidung durch die Einstellung getroffen wird, handelt es sich um limitiertes Kaufen. Ein noch geringerer Grad an Aktivierung besteht bei dem habitualisierten Kauf, wobei der Entscheidungsprozess durch Gewohnheit reduziert wird. Dies trifft meist bei Gütern des täglichen Gebrauchs zu. Zuletzt, bei dem impulsiven Kaufentscheidungsprozess übernehmen die Emotionen die Kontrolle, Überlegungen werden nicht mehr angestellt. Hier fällt die Entscheidung für einen Kauf erst am Point of Sale oder vor einem Schaufenster.

2.2.2.5 Kognitive Prozesse

Als letzter Punkt der nicht-beobachtbaren Einflüsse auf das Kaufverhalten stehen nun die kognitiven Determinanten im Blickpunkt. „Kognitive Vorgänge lassen sich als gedankliche („rationale") Prozesse kennzeichnen. Mit ihrer Hilfe erhält das Individuum Kenntnis von seiner Umwelt und von sich selbst. Sie dienen vor allem dazu, das Verhalten gedanklich zu kontrollieren und willentlich zu steuern." (KROEBER-RIEL 1992, 224). Hierzu zählen z. B. Wahrnehmung, problemlösendes Denken, Lernen und Informationsspeicherung.
Hinsichtlich des Käuferverhaltens steht hier vor allem das Informationsverhalten im Mittelpunkt. Abermals lässt sich keine einheitliche Definition finden, doch bezüglich der beiden Phasen Informationsaufnahme und Informationserwerb herrscht weitgehend Übereinstimmung (vgl. SCHMITZ & KÖLZER 1996, 111ff.). Wie unter 2.1.2 schon erwähnt, wird die Informationsaufnahme in einen aktiven, durch hohes Involvement gekennzeichneten, und einen passiven Teil, der ungewollten Reizkonfrontation, unterteilt. Dabei sind besonders die Konsumtypen für den Handel attraktiv, die grundsätzlich ein hohes Involvement besitzen, da diese für die Reize der Werbung empfänglicher und somit beeinflussbarer sind. Außerdem spielen bei der Aufnahme der Informationen die Aufmerksamkeit und die Wahrnehmung eines Menschen eine Rolle. So besitzt ein in die Jahre gekommener Mensch eine geringere Wahrnehmung (Nachlassen der Sinnesorgane) als bei einem Jugendlichen. Die Werbung muss also, wenn sie spezifische Segmente ansprechen will, auf die Wahrnehmung der Zielgruppe abgestimmt sein.
Der Prozess der Informationsverarbeitung beinhaltet den Vergleich und die Bewertung von gesammelter und bereits bestehender Information und die Speicherung neuen Inputs. Aus gesammelten Eindrücken und Erfahrungen bildet sich eine subjektive Einstellung bezüglich des Erfahrungsobjekts. Gerade der erste Eindruck den ein Kunde hat ist meist prägend und,

wenn dieser schlecht ausfällt, oft auch verheerend für das Geschäft, da schlechte Eindrücke schwer wieder wett zu machen sind. Für den Handel muss das Erscheinungsbild also einen hohen Stellenwert einnehmen.

Mit den kognitiven Prozessen sei nun die Analyse der Determinanten die das Konsumentenverhalten beeinflussen abgeschlossen. Dabei ist deutlich geworden, dass diverse Faktoren in den Kaufentscheidungsprozess mit einspielen, ja sogar sich gegenseitig beeinflussen und Wechselbeziehungen eingehen. All diese Determinanten geben Auskunft über gruppenspezifische Verhaltensweisen. „[...] Bedürfnisse, Werte und das Involvement bilden Anforderungen an die Sortimentspolitik stark aus, während sich das Involvement und kognitive Prozesse auf Anforderungen bezüglich der Werbepolitik bzw. Verkaufförderung auswirken." (SCHMITZ & KÖLZER 1996, 121). Dieser Sachverhalt wird in folgender Abbildung nochmals verdeutlicht.

Abb.3: Die Entwicklung von Kern- und Signalleistungen aus den Anforderungen und dem Informationsverhalten.

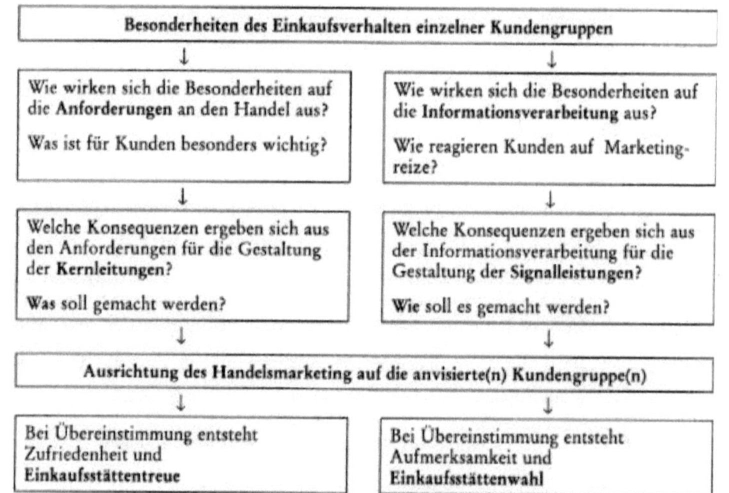

Quelle SCHMITZ & KÖLZER 1996, 120.

3. Konzepte zur Bestimmung der Einkaufsstättenwahl

Im dritten Kapitel steht das räumliche Verhalten des Konsumenten im Mittelpunkt. Es werden drei Ansätze zur Richtungs- und Intensitätsbestimmung der Einkaufsstättenwahl vorgestellt (vgl. HEINRITZ et al. 2003, 134ff. und vgl. KAGERMEIER 1991, 14ff.). Eine Bewertung dieser Konzepte schließt an und erläutert problematische Determinanten.

3.1 Zentralörtlicher Ansatz / Interaktionsansatz

Dieses Konzept hat ihren Ursprung in der Zentralitätsforschung von Christaller und Loesch. Ausgangspunkt stellen die Annahmen der vollständigen Information des Konsumenten und dessen rationales Entscheidungsverhalten (homo oeconomicus) dar. Die räumliche Verteilung des Angebots, dessen Attraktivität und der Aufwand zur Distanzüberwindung bestimmt die Einkaufsstättenwahl der Käufer, da diese nach Nutzensmaximierung streben. Das als positiv empfundene Kopplungspotential, das einer Einkaufsstätte zu Eigen ist, stellt einen Einflussfaktor dar, der sich positiv auf die Attraktivität eines Einkaufsortes auswirkt und somit die Chancen eines möglichen Einkaufs erhöht. Negativ beeinflusst dagegen der zeitliche und monetäre Aufwand zur Distanzüberwindung die Entscheidung für eine Einkaufstätte. Die wiederkehrende Bedarfssituation des Individuums findet ihre Beachtung in „threshold" und „range" von Branchen, die einerseits die Rentabilitätsgrenze und andererseits die Reichweite eines Produkts markieren. Das räumliche Verhalten der Konsumenten wird also durch die vorzufindende Angebotsstruktur festgelegt.

3.2 Aktionsräumlicher Ansatz

Im Aktionsräumlichen Ansatz steht dagegen die Nachfrageseite im Mittelpunkt der Betrachtung. Soziodemographische und ökonomische Determinanten wirken sich auf das räumliche Verhalten aus. Eine Einteilung in Kontakt- Interaktions- und Informationsfeld gibt Aufschluss über den „Grad des unmittelbaren Erlebens" (HEINRITZ et al. 2003, 137).
Die Individuellen Lebensumstände setzen jedem einzelnen Grenzen bezüglich seines Handlungsspielraumes. Es wird hier zwischen capability constraints, den physiologischen und technischen Begrenzungen (z. B. Vorhandensein eines Autos), coupling constraints, der Vereinbarkeit der Interaktionspartner (z. B. Kompatibilität von Öffnungszeiten und eigenem Zeitplan) und authority constraints, dem Ausschluss einer Einkaufsstätte (z. B. bei Werksverkäufen nur an Mitarbeiter) unterschieden. Dem Konsumenten wird außerdem das Streben nach Aufwandsminimierung unterstellt, wodurch das Kopplungspotential positiv in

die Auswahl der Einkaufsstätte mit einfließt. So ist das räumliche Verhalten abhängig von der sozialen Schicht, mit der Mobilität und Kaufkraft verbunden sind, und ändert sich auch mit dem Wechsel der Lebensbedingungen. Eine Bewertung der Einkaufsstätte wird weder in diesem, noch in dem vorangegangenen Ansatz angestellt.

3.3 Sozial - psychologischer Ansatz

Das Individuum und dessen Nutzen am Einkauf stehen im Mittelpunkt in diesem Konzept. Das räumliche Kaufverhalten hängt weder von der Angebotsstruktur noch von soziodemographischen oder ökonomischen Situation, stattdessen von psychologischen und soziologischen Determinanten des Individuums ab. Subjektive Bewertungen finden durch die Phasen der Einkaufsstättenwahl hindurch statt. Das bloße Wissen über das Vorhandensein einer Stätte für den Einkauf im Kontakt- oder Informationsfeld ist nicht mehr genug um eine Entscheidung für die Stätte zu generieren. Die subjektive Bewertung des Individuums entscheidet nunmehr über das Aufsuchen der Einkaufsstätte.

3.4 Bewertung

KAGERMEIER (1991, vgl. 95ff.) stellt bei seiner „Empirischen Untersuchung zum Konsumentenverhalten im Umland von Passau eine abschließende Beurteilung bezüglich der Aussagekraft der diversen Ansätze an. Er schlussfolgert, dass jeder Ansatz, sowohl der sozialpsychologische und der aktionsräumliche Ansatz, die er als Untersuchung der endogenen Haushaltssituation bezeichnet, als auch der objektive Blick auf die Angebotsstruktur im zentralörtlichen Ansatz zum Verständnis des Konsumentenverhaltens beitragen. Dennoch kann keiner der Ansätze das Konsumentenverhalten allumfassend deuten und erklären. Der sozialpsychologische Ansatz lässt die Angebotsseite vollkommen außer Acht und konzentriert sich rein auf die Nachfrageseite. Der aktionsräumliche Ansatz bezieht die Angebotsseite nur indirekt in Hinblick auf das Kopplungsverhalten der Konsumenten mit ein. Im zentralörtlichen Konzept findet die Nachfrageseite keine Beachtung. Somit kann jedes dieser Konzepte nur eine Deutung von Teilaspekten des Konsumentenverhaltens liefern und sollte deswegen in Ergänzung zu den anderen gesehen werden.

Zwei Aspekte die besondere Berücksichtigung finden sollten, weil sie dazu führen, dass das aus planerischer Sicht ideale Einkaufsverhalten nicht verwirklicht wird, stellen die Mehrfachorientierung und das Kopplungsverhalten dar (vgl. HEINRITZ et al. 2003, 143 ff., nach KAGERMEIER 1991). So wird oft nicht die wohnortnächste Einkaufsmöglichkeit aufgesucht weil das Auto einem die Möglichkeit der Mehrfachorientierung bietet und man so schnell und bequem auch weiter entfernt einkaufen kann oder bedarfsbedingt eine entferntere

Einkaufstätte vorgezogen wird. Auch der Wunsch der Konsumenten den Besorgungsaufwand so gering wie möglich zu halten lässt den Käufer vom genormten Einkaufsverhalten abweichen und den Einkauf im Shoppingcenter am Stadtrand mit kompatibler Angebotsstruktur tätigen anstatt im Tante Emma Laden um die Ecke.

4. Analyse diverser Konsumententypen

Gesellschaftlicher Wandel und Weiterentwicklung haben veränderter Lebensweisen hervorgebracht, die sich auch auf das Einkaufsverhalten auswirken (vgl. HEINRITZ et al. 2003, 155). Unregelmäßige Arbeitszeiten (z.B. Schichtarbeit) erhöhen so das Stressgefühl auch in der Freizeit, was sich auch auf das Einkaufen auswirkt. Daneben geht der gesellschaftliche Hedonismus auch auf das Konsumverhalten über und es gilt nunmehr Einkauf mit Erlebnis und Genuss zu verbinden. In diesem Kapitel stehen drei Konsumentetypen, die Smart Shopper, die Convenience Shopper und die Gruppe der Senioren im Blickpunkt.

4.1 Smart Shopper

Der Smart Shopper ist Mitte der 1990er Jahre durch Markteigenschaften wie große Angebotsvielfalt und Preisaggressivität entstanden (vgl. ebd., 156). Der damals anfängliche, heute aber schon alltägliche, Preiskrieg hat dazu geführt, dass heute knapp 30 % der deutschen Konsumbevölkerung zu den Smart Shopper gezählt werden können (vgl. EGGERT 2001, 60 f.), welchen gewisse Charakteristika zu Eigen sind. Es handelt sich hierbei um eine relativ junge Gruppe, 20 – 39 Jahre, mit hoher Mobilität, die über eine gehobene Bildung verfügt und daraus folgernd über eine hohe Berufsqualifikation und somit über ein überdurchschnittliches Einkommen (vgl. HÜTTER 2005, 73f; EGGERT 2001, 60f. und GREY STRATEGIC PLANNING). Eine Gruppe von hohem sozialem Status, die sich dessen auch bewusst ist und demnach selbstbewusst beim Kauf auftritt (vgl. VERWEYEN 1998, 107f.). Dennoch ist ihnen eine gewisse Skepsis der Zukunft gegenüber zu Eigen, weshalb nun mehr auf den Geldbeutel geachtet wird (GREY STRATEGIC PLANNING). Grundsätzlich besitzen sie immer noch das Vertrauen darauf, dass eine Marke gute Qualität verspricht, aber dennoch ist den Smart Shoppern hinsichtlich des „soliden Preis-Leistungsverhältnisses und [...] der Preiskonstanz" (VERWEYEN 1998, 108) das Vertrauen abhanden gekommen. Diese Entwicklung ist auf die rigorose Preisschlacht und die immer früher stattfindenden Preisstürze zurückzuführen (vgl. GREY STRATEGIC PLANNING). Der Glaube an die gerechtfertige Preisbildung besteht nicht mehr und somit auch keine Markentreue.

Beim Kauf stehen für den Smart Shopper der Preis und die Qualität im Mittelpunkt. Außerdem sind sie an Marken orientiert, aber nicht auf sie festgelegt. Die Eigenmarken stellen den Versuch des Marktes dar hohe Qualität und niedriger Preis zu vereinen und dadurch den Smart Shopper zum Kauf zu bewegen (vgl. HEINRITZ 2003, 157). Weiterhin können sie als aufgeklärte Käufer bezeichnet werden. Sie sind bestens über die Marktsituation, das Produkt und mögliche Alternativen informiert (vgl. VERWEYEN 1998, 109f.). Mit diesem Wissen gewappnet stehen sie dem Verkäufer ebenbürtig, handelnd und Rabatt fordernd gegenüber.

In seiner Dissertation über das FOC Metzingen beschreibt HÜTTER (2005, vgl. 73ff.) das Einkaufsverhalten der smarten Einkäufer wie folgt: Für die Jagd nach Schnäppchen nimmt er überdurchschnittliche Anstrengungen in Kauf (lange Anfahrtswege) wenn qualitativ hohe Ware angeboten wird. Er tätigt ganz gezielt seine Einkäufe in preisorientierten Betriebstypen wie dem Discounter, dem Fachmarkt oder dem FOC. HEINRITZ et al. (2003, vgl. 158) merken hierzu an, dass die Einkaufsstättenwahl vom zu besorgenden Gut abhängig ist. Beim Grundversorgungsverkauf werden meist Discounter wegen der günstigen Preise aufgesucht, bei Gütern des Zusatznutzens hingegen Fachmärkte, die sowohl günstige als auch hohe Preisklassen anbieten. Stagnierende Einkommen und die allgemeine schlechte wirtschaftliche Lage lassen den Kunden bewusster konsumieren. Wenn man bei Produkten des Grundbedarfs spart, steht mehr Geld für Prestigeobjekte zur Verfügung. Er hat es zwar nicht nötig zu sparen, findet aber Spass daran. Man kann den Smart Shopper sogar als Erlebniskäufer sehen, da die Errungenschaft eines qualitativ hohen Produkts zu einem günstigen Preis für ihn ein (Erfolgs-) Erlebnis darstellt und als kluges Verhalten angesehen wird (vgl. auch VERWEYEN 1998, 101f.). Die Suche nach dem günstigsten Anbieter stellt ein Vergnügen dar, was den Smart Shopper auch häufig zum Spontankauf verleitet. Weitere Indizien für den erlebnisorientierten Konsum stellen die lange Aufenthaltsdauer und das Einkaufen in kleinen Gruppen (Partner, Familie oder Freunde) dar. Auch das zu beobachtende Kopplungsverhalten lässt auf ein Erlebnis schließen. Nur 12 % der interviewten Smart Shopper übten keine Kopplungsaktivität aus, die Mehrheit besuchten neben dem Einkaufen auch die Innenstadt, gingen ins Cafe oder Restaurant und machten Schaufensterbummel (vgl. HÜTTER 2005, 80ff.).

Vom Schnäppchenjäger ist der Smart Shopper zu differenzieren, was EGGERT (2001, vgl. 61) anhand einer Abbildung darstellt:

Abb. 4: Die drei Grundtypen in der deutschen Konsumbevölkerung

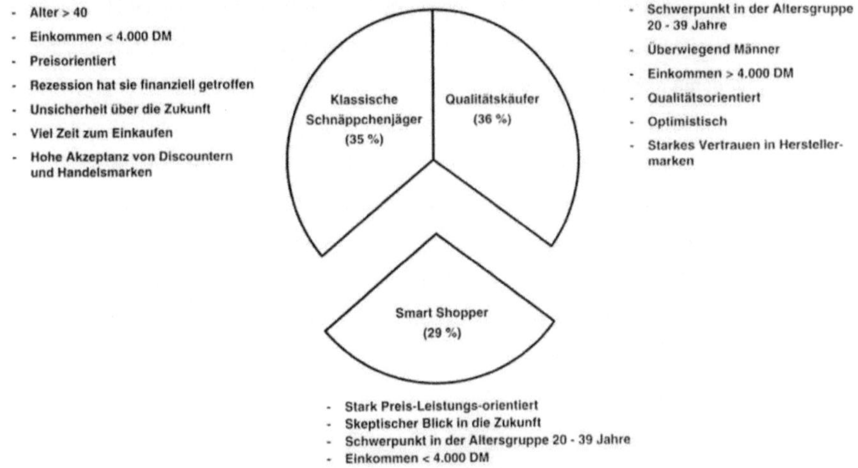

- Alter > 40
- Einkommen < 4.000 DM
- Preisorientiert
- Rezession hat sie finanziell getroffen
- Unsicherheit über die Zukunft
- Viel Zeit zum Einkaufen
- Hohe Akzeptanz von Discountern und Handelsmarken

- Schwerpunkt in der Altersgruppe 20 - 39 Jahre
- Überwiegend Männer
- Einkommen > 4.000 DM
- Qualitätsorientiert
- Optimistisch
- Starkes Vertrauen in Herstellermarken

Klassische Schnäppchenjäger (35 %)

Qualitätskäufer (36 %)

Smart Shopper (29 %)

- Stark Preis-Leistungs-orientiert
- Skeptischer Blick in die Zukunft
- Schwerpunkt in der Altersgruppe 20 - 39 Jahre
- Einkommen < 4.000 DM

Quelle: EGGERT 2001, 61.

Demnach ist der typische Schnäppchenjäger über 40 Jahre, besitzt ein geringeres Einkommen und ist durch das limitiert Budget auf das bipolare, hybride Einkaufen angewiesen. Der Smart Shopper hingegen nicht, für ihn ist es ein Erlebnis nach dem günstigsten Angebot zu suchen. Beim Grundbedarf sparen um sich überhaupt etwas Luxus leisten zu können, lautet die Devise der Schnäppchenjäger. Dabei nimmt dann auch die Marke keinen hohen Stellenwert ein, Handelsmarken und Discounter stehen hier hoch im Kurs.

4.2 Der Convenience Shopper

Der Begriff Convenience stammt aus dem angelsächsischen und bedeutet soviel wie „bequeme[r] Einkauf von Produkten, insb. Lebensmitteln, die eine bequeme Art der Zubereitung ermöglichen und die i.d.R. in kleinen Mengen, mit dem Ziel des schnellen Verzehrs, gekauft werden." (SWOBODA 1999, 95). Entstanden ist diese Art des Konsums in den USA und Japan bereits Ende der siebziger Jahre. Gesellschaftliche und kulturelle Veränderungen führten zu einem veränderten Konsumverhalten. Die veränderte Haushalts- (steigende Anzahl der Singlehaushalte) und Erwerbsstruktur (Frauen managen Arbeit und Familie) und die gestiegene Mobilität brachten ein intensiver empfundenes Stressgefühl mit sich, woraus neue Werte wie die Vereinfachung des Lebens oder das Streben nach Lebensfreude entstanden sind (vgl. SWOBODA 1999, 96 und MÜLLER-HAGEDORN 1997, 106ff.). Traditionelle Ernährungsmuster wie das gemeinschaftliche familiäre Abendessen verlieren an Bedeutung (vgl. TOMACZAK 1999, 185). Zwischenmahlzeiten, Essen außer

Haus und Convenience Produkte boomen (vgl. AUER & KOIDL 1997, 86ff.). HEINRITZ et al. führen zwar den neuesten Trend des Cooconing, eine „neue Aufwertung der Häuslichkeit", an, fügen aber gleichzeitig hinzu, dass ein „Aufwertung traditioneller Haushaltstätigkeiten" (1996, 159) damit nicht einhergehen.

Die typischen Convenience Käufer stellen kleine Haushalte, wie Singles, berufstätige Alleinerziehende und Doppelverdiener ohne Kinder dar (vgl. MÜLLER-HAGEDORN 1997, 106ff.), die unter einem besonders hohem Zeitdruck stehen. Ihre begrenzte Freizeit ist ihnen sehr kostbar. Der Bedarfseinkauf wird als lästige Zeitverschwendung angesehen, die man so schnell wie möglich erledigen will. Das Einkaufsverhalten wird also, wie in Abbildung 5 dargestellt, von diversen Determinanten beeinflusst: durch das begrenzte Zeitbudget und Zeitintervall fordern die Konsumenten ein bequemes, schnelles Einkaufen, das nicht an die herkömmlichen Öffnungszeiten gebunden ist. Weiterhin führt die negative Konsumeinstellung abermals zu dem Drang das Einkaufen möglichst schnell hinter sich zu bringen, was einerseits durch geringe Sortimentsbreite, klare Angebotsstrukturierung und andererseits durch Markenwahren erreicht wird, um eine Entscheidungsfindung zu erleichtern (vgl. HEINRITZ et al. 1996, 161).

Als ein weiteres Charakteristikum stellt AUER & KOIDL (1997, vgl. 20) die hohe Geschäfts- und Markentreue dar. So weisen Tankstellen extrem hohe Anteile (95%) an Stammkundschaft auf. Mit Marken wird eine hohe Qualität assoziiert für die der Convenience Shopper bereit ist, verbunden mit einem bequemen und schnellen Einkauf, auch bis zu 30 % mehr als im Supermarkt zu zahlen (vgl. ebd., 18). Auch Spontankäufe werden von ihnen getätigt; Vorratskäufe dagegen kommen wegen der geringen Haushaltgröße nicht vor. Und danach ist das Sortiment des Convenience Stores auch ausgerichtet: Der CNT Kern wird durch Lebensmittel und Instant-Produkte in handlichen Packungen erweitert (vgl. HEINRITZ et al. 1996, 161). Hier treten standortbedingte Spezialisierungen in der Angebotsstruktur auf, die speziell auf das Klientel zugeschnitten sind.

Abb. 5: Bestimmungsgrößen der Nachfrage nach Convenience-Käufen

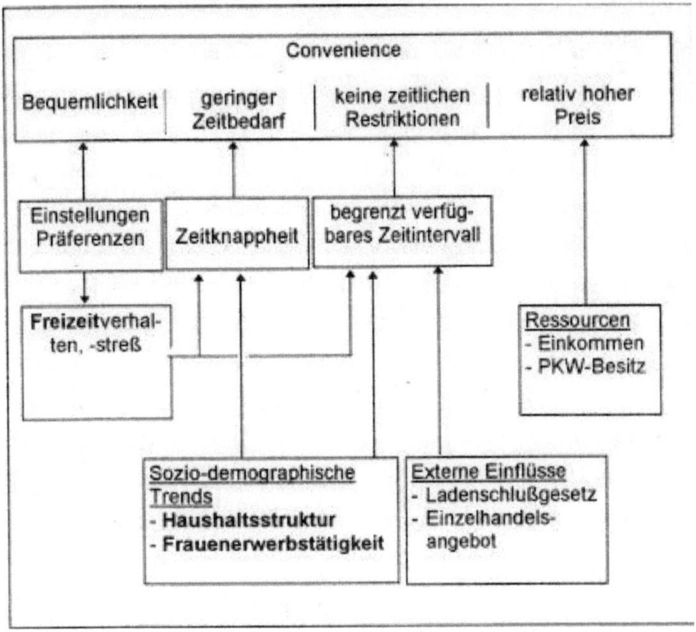

Quelle: MÜLLER-HAGEDORN 1997, 105.

AUER & KOIDL (1997, 85ff.) beschreiben das Phänomen des Conveniencestores kurz und prägnant mit den Worten intime, instant und individuell. Intime steht für schnelles, bequemes, von Öffnungszeiten losgelöstes Einkaufen. Instant bezeichnet die sofortige Vereinfachung und Steigerung der Lebensqualität durch die im Store angebotenen Wahren. Und Individuell steht für die empfundene Selbstbestimmung und Loslösung vom mainstream.

Man könnte annehmen, dass zur Befriedigung der Bequemlichkeit Ecommerce und Homeshopping einen großen Stellenwert bei den Convenience Käufern einnimmt. Sicherlich wird diese Art des Konsums verwendet, dennoch sind soziale Kontakt und das sinnliche Erleben des Einkaufens weiterhin bedeutsam (vgl. ebd. 22, 88).

Zum Typ des Smart Shoppers besteht eine gewisse Ähnlichkeit. So unterscheiden beide Typen zwischen Bedarfs- und Erlebniskauf, beide sind als Individualisten zu sehen und in ihrem hohen Qualitätsanspruch sind sie sich ebenfalls ähnlich.

4.3 Die Senioren

Die Gruppe der Senioren lassen sich bezüglich des Kaufverhaltens anderer Gruppen durch diverse altersbedingte Charakteristika unterscheiden. Hierbei sind als erstes die offensichtlichsten Merkmale zu nennen: das Nachlassen körperlicher und geistiger Fähigkeiten (vgl. SCHMITZ & KÖLZER 1996, 232). Dabei spielen die Veränderung des Äußeren und die fragile Gesundheit deutlich in die Produktwahl, z. B. gesteigertes Interesse an Körperpflege, mit ein. Die eingeschränkte Bewegungsfähigkeit und schwindende Kräfte hingegen wirken sich dagegen auf das räumlich Verhalten, welches sich nunmehr in einem kleineren Umkreis abspielt, aus. BRÜNNER (1997, vgl. 159) stellt fest, dass sich die Senioren hauptsächlich in ihrer Wohnung aufhalten, ansonsten zu Fuß gehen oder öffentliche Verkehrsmittel, sehr selten aber das Auto verwenden. Langsamer ablaufende kognitive Prozesse, problematische Verarbeitung komplexer Sachverhalte und beeinträchtigte Sinnesorgane stellen andererseits neue Anforderungen an die Werbung, wie z. B. große deutliche Schriftzeichen und klar strukturierte Informationen.

Hinsichtlich der sozialen Aspekte ist festzustellen, dass, bedingt durch die Pensionierung, der Lebensabend einerseits mehr Zeit aber andererseits auch weniger soziale Kontakte mit sich bringt (vgl. SCHMITZ & KÖLZER 1996, 233). Dies führt dazu, dass Senioren sich mehr Zeit für die Informationssuche und den Einkauf nehmen; unter anderem weil der Kauf als Möglichkeit zur Knüpfung sozialer Kontakte, als Zeitvertreib und als willkommene Abwechslung gesehen wird. Hier wird deutlich, dass für dieses Segment freundliche Bedienung wichtig ist und auch gewünscht wird.

Ein weiteres Charakteristikum sind die generationsspezifischen Einstellungen bezüglich des Konsums. So ist bei diesem Segment ein hohes Vertrauen in die Qualität der Markenprodukte, also Markentreue und auch Geschäftstreue zu nennen, welche sich durch langjährige Konsumerfahrung ausgeprägt hat (habitualisiertes Kaufverhalten). „Die Senioren entwickeln eine überdurchschnittliche Treue [...] zu bestimmten Produkten, Marken und Geschäften [...]." (BRÜNNER 1997, 221; vgl. hierzu auch REINHARDT 2000, 175). Die Sensibilität hinsichtlich der eigenen Gesundheit trägt zu dem ausgeprägten Qualitätsbewusstsein mit bei. Außerdem stehen sie dem Konsum ganz grundsätzlich positiv gegenüber, was mit der Bedeutungserweiterung des sozialen Kontaktknüpfens etc. zusammen hängt (vgl. BRÜNNER 1997, 177f.). Der Einkauf wird genau geplant und zu festen Zeiten ausgeführt, womit die Chance eines Impulskaufs, wie bei den Typen Smart und Convenience

Shopper, eher gering ausfällt. Als Informationsquelle dient häufig die Familie, die wieder ein wichtiger Bezugspunkt geworden ist (vgl. SCHMITZ & KÖLZER, 235).

Bezüglich des zur Verfügung stehenden Einkommens sind sich SCHMITZ/KÖLZER (1996) und GAUBE (1997) eins. So stellen erstere fest, dass die Senioren über eine hohe Kaufkraft verfügen, die sich auch in Zukunft noch vergrößern wird (vgl. SCHMITZ & KÖLZER 1996, 230). GAUBE (1997, vgl. 73f, 82) geht dabei noch auf die Hintergründe und zwar die höhere Ausbildung und der dadurch gestiegenen Rente, das erhöhte Sparverhalten und effizientere Sparweisen ein. Die Demographische Entwicklung lässt außerdem prognostizieren, dass dieses Segment von quantitativer Bedeutung sein wird und im Jahr 2010 einen Anteil von 25 % der Bevölkerung darstellt (vgl. REINHARDT 2000, 175 f.).

Zum Thema Konsumfreudigkeit tun sich hier zwei Fronten auf: Während bei SCHMITZ & KÖLZER (1996, vgl. 236f.) und BRÜNNER (1997, vgl. 223) von einem eingeschränkten Konsumverhalten, bedingt durch geringer Bedarf, wenig Konsuminteresse, Gewohnheit und Bequemlichkeit der Senioren, die Rede ist, stellt eine aktuellere Studie von REINHARDT (2000) ganz gegensätzliche Ergebnisse dar. Dieser stellt eine Typologisierung in aktive und passive Senioren an und kommt dabei zu dem Ergebnis, dass 66% der über 50jährigen den aktiven Typ verkörpern:

Abb. 6: Typlogisierung der älteren Menschen

Typus		Anteil in %	Beschreibung	Informationsverhalten	Markenbewußtsein
Aktiv 66%	Der selbstbewußt kritische junge Alte	23	Qualitätsorientiert, selbstbewußt, voller Pläne und Ideen	Breites Interessesspektrum, gut gestalteter Werbung aufgeschlossen, aber nicht unkritisch	eher markentreu
	Der aufgeschlossene interessierte junge Alte	21	Aufgeschlossen und unternehmungslustig	An Neuem interessiert. Positive Einstellung zur Werbung (Informationsquelle für Konsumangebote)	markentreu
	Der aktive flexible junge Alte	22	Positive Lebenseinstellung Hohe Anspruchseinstellung	Überdurchschnittliches Informationsbedürfnis Tolerante Einstellung zur Werbung	Markenwechsler Schätzt Hinweise auf neue Produkte
Passiv 34%	Der passive graue Alte (Entspricht Negativbild der älteren Menschen in der Gesellschaft)	19	Psychisch und physisch lethargisch	Desinteressiert und passiv Eher negativ gegnüber Werbung eingestellt	Ausgeprägt markentreu
	Der abgeklärt zufriedene Alte	15	Ist zufrieden, aber eher passiv Qualitätsbewusst	Kaum an Verbraucherinformationen interessiert Ambivalente Einstellung gegenüber Werbung	Starke Bereitschaft zum Markenwechse

Quelle: Reinhardt 200, 183.

Somit scheint eine neue, bedeutende Schicht entstanden zu sein, die mit dem Bild des senilen Alten nicht mehr zu vergleichen ist. REINHARDT (2000, vgl. 182ff.) kommt zu dem Schluss, dass die Aktiven rege am gesellschaftlichen Leben teilnehmen, gerne und oft vereisen, ein hohes Modebewusstsein haben und somit eine konsumfreudige, finanzstarke Gruppe darstellen. Die Passiven hingegen haben hauptsächlich Kontakt zur Familie und verbringen auch die meiste Zeit in den eigenen vier Wänden.

5. Auswirkungen auf den Einzelhandel

Die drei Konsumententypen Smart Shopper, Convenience Shopper und die Senioren weisen charakteristische Verhaltensweisen auf, die sich in ihrer Einkaufsstättenwahl widerspiegeln und sich auf den Standort, das Sortiment und dem Betriebstypus im Einzelhandel auswirken. Die Smart Shopper beispielsweise orientieren sich an preisaggressiven, großflächigen Vertriebsformen (vgl. VERWEYEN 1998, 61ff.) wie Discounter, Fachmärkte oder FOCs, die sich wegen der billigeren Bodenpreise und des hohen Platzbedarfs am Stadtrand angesiedelt haben. Diese mit der Innenstadt konkurrierende Entwicklung ist als Reaktion auf das preisorientierte Verbraucherverhalten zu sehen (vgl. EGGERT 2001, 133ff.). Mit dieser räumlichen Differenzierung geht aber auch eine sortimentspolitische Entwicklung einher. So hat die Sortimentstiefe und die Angebotsvielfalt unter dem preisbewussten Einkaufen zu leiden. Die Breite des Sortiments dagegen wird ausgeweitet um zusätzliche Kundengruppen durch internes Kopplungspotential für sich zu gewinnen (vgl. VOSSEN & REINHARDT 2003, 123ff.). Außerdem wird durch das gleichzeitige Qualitätsbewusstsein des Smart Shoppers die Handelsmarke gestärkt, die Qualität, gleichzeitig aber auch einen günstigen Preis verspricht. Durch den Smart Shopping Trend („Geiz ist geil") hat die Preisschlacht im Einzelhandel begonnen deren Ende noch nicht in Sicht ist, aber dennoch abflaut, wie folgende Abbildung über die prognostizierte Entwicklung der Lebensmitteldiscounter in Deutschland bestätigt:

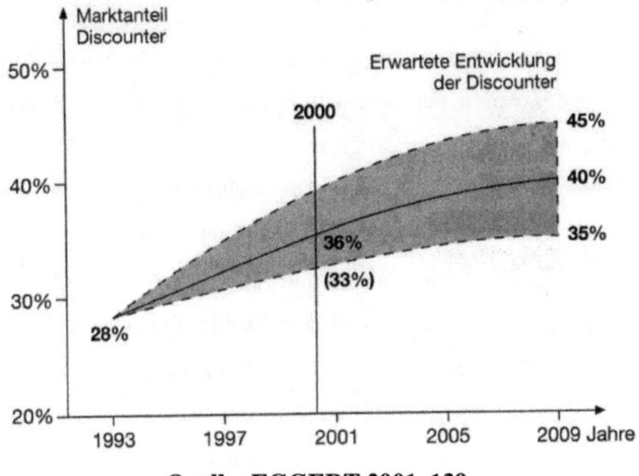

Quelle: EGGERT 2001, 139.

Wo die Smart Shopper den Stadtrand und die grüne Wiese als Einkaufsstätten bevorzugen, wählen Conveniencekäufer Geschäfte an hochfrequentierten Routen, auf dem Weg nach Hause oder direkt in der Nachbarschaft. Aufgrund des Zeitdrucks, wird das one-stop-Einkaufen angestrebt, dass man möglichst bequem auf dem Weg nach Hause gleich mit erledigt. Dadurch sind Tankstellenshops, Kioske, Trinkhallen, Bahnhofsshops und Automaten entstanden die Convenience- und Instant- Produkte des leichten und sofortigen Genusses (CNT Kern mit individuellen Erweiterungen) anbieten. Durch die unbegrenzten Öffnungszeiten und den außerordentlichen guten Standort verzeichnen Tankstellen steigende Umsätze im Gegensatz zum traditionellen Einzelhandel. Auch etliche Kioske, ob Fensterkiosk oder begehbar, sind entstanden, die aber nicht von unbegrenzten Öffnungszeiten profitieren und außerdem oft äußerst unübersichtlich aber auch vielfältig sind (vgl. TOMACZAK 1999, 188ff.). Dabei handelt es sich fast ausnahmslos um Einzelbetriebe, von welchen vielen dem steigenden Konkurrenzdruck der Tankstellen zum Opfer fallen werden. Dennoch rechnet TOMACZAK   im Falle eine Liberalisierung der Ladenöffnungszeiten mit einer „Gründungswelle begehbarer Kioske" (ebd. 1999, 189), die aber in erster Linie von Ausländer betrieben werden, welche sich durch niedrige Personalkosten (Beschäftigung von Familienmitgliedern), Freundlichkeit sowie Frischeprodukte und ethnische Sortimente profilieren. Des Weiteren werden „echte" Convenience Stores (ohne Zapfsäule) entstehen die Gastronomie, Einzelhandel und Dienstleistung in sich vereinen (vgl. TOMACZAK 1999, 184ff.). Der convenienceorientierte Einkauf weist zwar einen Nahversorgungscharakter auf, ist aber dennoch nicht mit den Tante Emma Läden zu verwechseln, da eine eindeutige

Spezialisierung auf Instant Produkte des Sofort Konsums festzustellen ist (vgl. AUER & KOIDL 1997, 27).

Neben den Convenience Shoppern stellen auch die Senioren eine Stärkung der Convenience Betriebstypen in Wohngegenden dar, was ein Blick auf Abbildung 9 verdeutlicht. Zwar stehen die Senioren unter keinem Zeitdruck es wird aber dennoch Wert auf Convenience Betriebe und Produkte gelegt, was auf die verlangsamte Lebensführung und die eingeschränkte Mobilität zurückzuführen ist. „ Senioren präferieren '... im allgemeinen kleinere, vertraute Geschäfte in der Wohnumgebung, wo sie persönlich bekannt sind, individuell beraten und bedient werden und gleichzeitig Bekannte und Nachbarn treffen können.'" (BRÜNNER 1997, 210). Diese sind einerseits leicht zu erreichen und versprechen andererseits mehr Erlebnis und Kontakte. Auch die Innenstadt wird verstärkt von Senioren aufgesucht, die eben dieses Erlebnisprofil aber auch die geforderte Qualität bietet. So prognostiziert EGGERT einen Trend „zurück zur City" (ebd. 2001, 87)der durch den wachsenden Anteil der Senioren begründet ist.

Die aufgezeigten Konsumentenverhalten haben offensichtlich zur „Differenzierung der Betriebstypen nach Standorten" (HEINRITZ et al. 2003, 142) beigetragen. Die Innenstadt zeichnet sich durch Leistung, Qualität und Service aus und wird zum Einkaufserlebnis. Der Stadtrand hingegen spiegelt die Preisdeterminante wider und wirbt mit kundenfreundlicher Einkaufsumgebung. Betriebstypen in Transiträumen zielen im Gegensatz zur Innenstadt auf Kunden ab, die ihren Einkauf schnell und bequem erledigen wollen und auf Erlebnis keinen Wert legen. Des Weiteren werden vom Smart und Convenience Shopper auch neue Formen des Einkaufens wie das Internet wahrgenommen, welcher in den letzten Jahren zugenommen hat. Dennoch bleibt abzuwarten wie sich dieser Trend entwickelt, da er jegliche Möglichkeit des persönlichen sozialen Kontakts entbehrt, ein Charakteristikum das in unserer von Einsamkeit geprägten Gesellschaft immer mehr an Gewicht gewinnt.

6. Fazit

Es bleibt festzustellen, dass das Konsumentenverhalten von diversen Determinanten bestimmt und beeinflusst wird, deren Untersuchung für das Marketing rudimentär ist. Das Problem ist dennoch, dass durch die Schnelllebigkeit und Dynamik unserer Zeit es kaum möglich ist feste Typologien zu identifizieren. Dies ist nur grob nach Charakteristika wie Demographie und Kaufkraft beispielsweise möglich. Nach der Zeit des Massenkonsums spielen aber individuelle Strömungen eine große Rolle, wodurch sich Zielgruppen bis hin zum „Segment One" fragmentieren lassen (BOSSHART 1998, 285ff.). Auch wenn man grobe Teilsegmente des Marktes identifizieren kann, spielt dennoch das Customizing eine immer größere Rolle. Die Zufriedenheit des Kunden muss hier der Ansatzpunkt für den Handel sein um weiterhin gegen die Konkurrenz bestehen und Umsatz verzeichnen zu können. Dies impliziert, dass die Marketingforscher den Kunden in Verbindung mit dem individuellen Kontext sehen und verstehen lernen müssen (vgl. BOSSHART 1998, 293). Nur dann ist eine Individualisierung und Verfeinerung der bestehenden Trends möglich, und neue, für den Kunden attraktive Produkte können entstehen.

7. Literaturverzeichnis:

AUER, S. / KOIDL, R. (1997): Convenience Stores. Frankfurt am Main.

BARZ, H. (2003): Trendbibel für Marketing und Verkauf. Konsummotive im Wandel. (Metropolitan professional). 2. Aufl., Regensburg; Berlin.

BOSSHART, D. (1998): Die Zukunft des Konsums: Wie leben wir morgen? 2. Aufl., Düsseldorf; München.

BRÜNNER, B. (1997): Die Zielgruppe Senioren. Eine interdisziplinäre Analyse der älteren Konsumenten. Frankfurt am Main u. a.

EGGERT, U. (2001): Der Handel im 21. Jahrhundert. Düsseldorf; Berlin.

GAUBE, G. (1997): Senioren – Der Zukunftsmarkt. Umfassende Marktanalyse und Zielgruppenuntersuchung. Ansätze der Marktbearbeitung mittels Direktmarketing. 2. Aufl., Ettlingen.

GREY STRATEGIC PLANNING / APPLETON, E. (1995): Market Horizons Smart Shopper Studie.

HEINRITZ, G. / KLEIN, K. / POPP, M. (2003): Geographische Handelsforschung. (Studienbücher der Geographie). Berlin u. a.

HÜTTER, T. (2005): Factory Outlet Center. Designation im Shoppingtourismus und Potenzial für die regionale Tourismuswirtschaft. (Beiträge zur Wirtschaftsgeographie Regensburg, Band 7). Regensburg.

KAGERMEIER, A. (1991): Versorgungsorientierung und Einkaufsattraktivität. Empirische Untersuchungen im Umland von Passau. (Passauer Schriften zur Geographie, Heft 8). Passau.

KROEBER-RIEL, W. / WEINBERG, P. (1992): Konsumentenverhalten. (Vahlens Handbücher der Wirtschafts- und Sozialwissenschaften). 5. Aufl., München.

MÜLLER-HAGEDORN, L. (1997): Trends im Handel. Analysen und Fakten zur aktuellen Situation im Handel. (Zukunft im Handel). Frankfurt am Main.

PEBELS, W. (2000): Marktsegmentierung. Marktnischen finden und besetzen. Heidelberg.

REINHARDT, F. (2000): Konsumwelten 2010. Zielgruppen in Deutschland - heute und im Jahr 2010 (BBE - Trend - und Zukunftsforschung, Band 1). Köln.

SCHMALEN, H. / LANG, H. (1998): Hybrides Kaufverhalten und das Definitionskriterium des Mehrproduktfalls. Theoretische Grundlegung, Problematik und empirischer Lösungsansatz. – In: Marketing - Zeitschrift für Forschung und Praxis, 1998, Nr. 1, S. 5-13.

SCHMITZ, C. / KÖLZER B. (1996): Einkaufsverhalten im Handel. Ansätze zu einer kundenorientierten Handelsmarketingplanung. München.

SCOBEL, C.-H. (1995): Trends im Konsumentenverhalten. Eine Analyse der Veränderung von Verbrauchersensibilität und Verbraucherverhalten. (Schwerpunkt Marketing, Band 58). München.

SCHÜRMANN, P. (1988): Werte und Konsumverhalten. Eine empirische Untersuchung zum Einfluß von Werthaltungen auf das Konsumverhalten. (Betriebswirtschaftliche Forschungsbeiträge, Band 33). München.

SWOBODA, B. (1999): Ausprägung und Determinanten der zunehmenden Convenienceorientierung von Konsumenten. – In: Marketing - Zeitschrift für Forschung und Praxis, 1999, Nr. 2, S. 95-104.

TOMACZAK, T. (1999): Alternative Vertriebswege. Factory-Outlet-Center, Convenience stores, Direct distribution, Multi-Level-Marketing, Electronic commerce, Smart-Shopping. St. Gallen.

VOSSEN, K. / REINHARDT, F. (2003): Der launische Konsument. Zwischen Schnäppchenjagd, Erlebniskauf und Luxus. Die Trends für Produktentwicklung und Marketing. (Metropolitan professional). 2. Aufl., Regensburg u. a.

VERWEYEN, A. (1998): Keine Angst vor dem smart shopper. Was Verkäufer über feilschende Kunden wissen müssen. Frankfurt am Main u. a.

WINDHORST, K.-G. (1985): Wertewandel und Konsumentenverhalten. Ein Beitrag zur empirischen Analyse der Konsumrelevanz individueller Wertvorstellungen in der Bundesrepublik Deutschland. (Schriften der Wissenschaftlichen Gesellschaft für Marketing und Unternehmensführung e. V., Band 2). 2. Aufl., Münster.